马铃薯主食加工系列丛书

千变万化的马铃薯主食食谱

丛书主编　戴小枫
主　　编　张　泓

中国农业出版社

图书在版编目（CIP）数据

千变万化的马铃薯主食食谱 / 张泓主编 .—北京：中国农业出版社，2015.12
（马铃薯主食加工系列丛书 / 戴小枫主编）
ISBN 978-7-109-21260-2

Ⅰ.①千… Ⅱ.①张… Ⅲ.①马铃薯-食谱 Ⅳ.①TS972.123

中国版本图书馆 CIP 数据核字（2015）第 307842 号

中国农业出版社出版
（北京市朝阳区麦子店街 18 号楼）
（邮政编码 100125）
责任编辑 张丽四

三河市君旺印务有限公司印刷 新华书店北京发行所发行
2016 年 3 月第 1 版 2016 年 3 月北京第 1 次印刷

开本：880mm×1230mm 1/32 印张：1.5
字数：30 千字
定价：10.00 元

丛书编写委员会

本书编写人员

（按照姓名笔画排序）

毕红霞　张　泓　张　雪

徐兴阳　谌　珍　戴小枫

目　录

常　识　篇

主　食　篇

常 识 篇

一、土豆的起源

土豆（学名：Solanum tuberosum，英文：potato），茄科茄属，一年生草本植物，别称土豆、山药蛋、洋芋等。土豆的人工栽培地最早可追溯到大约公元前 8 000 年到公元前 5 000 年的秘鲁南部地区。原产于南美洲安第斯山区的秘鲁和智利一带。安第斯山脉 3 800 米之上的的的喀喀湖区可能是最早发现土豆被栽培出来的地方。在距今大约 7 000 年前，一支印第安部落由东部迁徙到高寒的安第斯山脉，在的的喀喀湖区附近安营扎寨，以狩猎和采集为生，是他们最早发现并食用了野生的土豆。土豆向世界各地传播最初是于 1570 年从南美的哥伦比亚将短日照类型引入欧洲的西班牙，经人工选择，成为长日照类型。

16 世纪中期，土豆被一个西班牙殖民者从南美洲带到欧洲。那时人们总是欣赏它的花朵美丽，把它当作装饰品。

1586 年英国人在加勒比海击败西班牙人，从南美搜集烟草等植物种子，把土豆带到英国，英国的气候适合土豆的生长，比其他谷物产量高且易于管理。后来一位法国农学家——安·奥巴曼奇在长期观察和亲身实践中，发现土豆不仅能吃，还可以做面包等。从此，法国农民便开始大面积种植土豆。1650 年土豆已经成为爱尔兰的主要粮食作物，并开始在欧洲普及。

17 世纪时，土豆已经成为欧洲的重要粮食作物并且已经传播到中国，由于土豆非常适合在原来粮食产量极低、只能生长莜麦（裸燕麦）的高寒地区生长，很快在内蒙古、河北、山西、陕西北部普及。土豆和玉米、甘薯等从美洲传入的高产作物成为贫苦阶层的主要食品，对维持中国人口的迅速增加起到了重要作用。

1719 年由爱尔兰移民带回美国，开始在美国种植。

18 世纪初期，俄国彼得大帝游历欧洲时，以重金买回了一袋土豆，种在宫廷花园里，后来逐渐发展到民间种植。全球现有 150 多个国家和地区种植土豆，分布区域仅次于玉米，是第二个分布最广泛的农作物。

二、土豆的营养价值

一般新鲜土豆中所含成分分别为：淀粉 9%～20%，蛋白质 1.5%～2.3%，脂肪 0.1%～1.1%，粗纤维 0.6%～0.8%。100 克土豆中所含的营养成分：热量 66～113 焦耳，钙 11～60 毫克，磷 15～68 毫克，铁 0.4～4.8 毫克，维生素 C 20～40 毫克，硫胺素（维生素 B_1）0.03～0.07 毫克，核黄素（维生素 B_2）0.03～0.11 毫克，尼克酸（维生素 B_3）0.4～1.1 毫克，少量泛酸（维生素 B_5），还含有微量元素、人体必需的氨基酸和优质淀粉等营养元素。其中新鲜土豆含有大约 80% 的水分和 20% 的干物质。干物质的 60%～80% 为淀粉。按干重计算，土豆的蛋白含量与谷物的蛋白含量相同，但是比其他块根和块茎的蛋白含量要高得多。

土豆富含碳水化合物，但是其含量仅是同等重量大米的 1/4 左右。研究表明，土豆中的淀粉是一种抗性淀粉，具有缩小脂肪细胞的作用。同时，土豆几乎不含脂肪，100 克土豆脂肪含量仅为 0.2 克。

土豆中的胡萝卜素和维生素 C 是谷物类粮食所没有的维生素类，所含的维生素 C 是苹果的 4 倍左右，B 族维生素是苹果的 4 倍，一个 150 克中等大小的土豆可提供一个成人每日维生素总需要量的近一半（100 毫克）。土豆是铁的来源，而其维生素 C 的高含量促进铁的吸收。各种矿物质是苹果的几倍至几十倍不等，具有抗衰老的功效。

土豆是非常好的高钾低钠食品，具有解除疲劳、降低血压的功效，很适合高血压、肥胖者食用。

此外，由于土豆中还含有丰富的不能分解的膳食纤维，所以胃肠对土豆的吸收较慢。土豆被食用后，停留在肠道中的时间比米饭长的多，所以更具有饱腹感，有助于促进胃肠蠕动，疏通肠道，同时还能带走多余的油脂和垃圾，具有一定的通便排毒作用。

综上所述，土豆中含水量高、脂肪少、单位体积的热量相当低。从营养角度来看，它比大米、面粉具有更多的优点，营养成分非常全面，营养结构也较合理，还是优秀的降血压和减肥食物，可称为“十全十美的食物”。

三、西式土豆消费方式

西式土豆消费方式主要为土豆的加工产品，如：淀粉及变性淀粉、全粉、雪花粉、速冻薯条、油炸薯片、薯泥和膨化食品等。同时，随着人们生活节奏的加快和饮食文化的影响，土豆快餐食品和休闲食品也是西式土豆消费的主要方式。

四、中式土豆传统消费方式

我国土豆深加工产品较少，加工生产规模小，工艺落后。土豆在我国传统膳食结构中，除部分地区少量作为主食直接食用外，95%以上的土豆是作为蔬菜鲜食。近年来直接消费量不断下降。土豆用于加工成粗制淀粉，制作粉丝、粉皮、粉条等，不仅数量少，而且加工深度不够，经济效益不高，产品种类单一。

五、土豆主食的优势

1. 没异味又耐饿。在《中国居民平衡膳食宝塔》中，土豆和谷类一起被划为“谷薯类”。在很多国家，它也是历史悠久的主食。由于吃上 100 克新鲜的土豆，就能产生 76 千卡的能量，且食用后有很好的饱腹感，所以土豆十分耐饿，加之其没有异常味道，所以完全可作主食食用。

2. 蛋白质含量高。与大米、面粉相比，土豆具有更多的营养优点，比如它的蛋白质含量高，且拥有人体必需的氨基酸比较齐全，特别是富含谷类缺少的赖氨酸。赖氨酸是人体必需的氨基酸，必须直接从食物中摄取。

3. 维生素较全面。土豆中维生素的含量也较为全面，特别是含有禾谷类粮食所没有的胡萝卜素、维生素 A、维生素 C 及 B 族维生素。维生素如同汽车发动机使用的机油，需要量少，但是如果缺乏，发动机会因发热而损坏。

4. 矿物质宝库。土豆还是一个矿物质宝库，各种矿物质是苹果的几倍至几十倍不等，500 克土豆的矿质营养价值大约相当于 1 750 克的苹果。土豆还是铁的重要来源。

5. 优良的减肥食品。土豆的脂肪含量很低，含水量又比主食要大，而且它的饱腹感较强，所以如果用土豆来代替部分粮食的话，能达到一定的减肥效果。唯一需要注意的就是，减肥者要将土豆当做主食而非菜品来吃。

6. 血糖不会飙升。土豆还有很神奇的药用价值，比如对糖尿病病人比较有利，因为土豆中的淀粉在体内吸收缓慢，不会导致血糖过快上升。

7. 益于心脑血管。土豆的钾含量很高，能够排除体内多余的钠，有助于降低血压，对心脑血管十分有益。

8. 促进肠蠕动。它的膳食纤维含量在根茎类蔬菜中算是较高的，常吃土豆可促进胃肠蠕动，且膳食纤维有助于降低罹患结肠癌和心脏病的风险。

9. 能缓解胃溃疡。近年来多项报道显示，胃溃疡患者如果每天空腹吃些土豆泥可有效缓解病情。得了胃溃疡，胃上就多了很多小窟窿，而土豆薯泥就像小膏药，能把这些小窟窿牢牢地堵上。

10. 缓解大便不畅。中医认为土豆性平、味甘、无毒，能健脾和胃，益气调中，缓急止痛，通利大便。对脾胃虚弱、消化不良、肠胃不和、脘腹作痛、大便不畅的患者效果显著。

主 食 篇

一、土豆面制品类主食

1. 蒸

土豆包子

主料：土豆包子专用复配粉400克，水320克，酵母4克

辅料：肥瘦肉、生抽、料酒、蚝油、豆瓣酱、葱、姜、香油适量

做法：

1. 酵母加入适量温水搅拌均匀。

2. 把酵母水加入面粉中。分次加入220克水，边加边用筷子搅拌，直至没有干粉，呈絮状。

3. 揉成光滑面团，盖上保鲜膜，室温发酵40分钟左右。

4. 拌好馅料：半肥半瘦肉剁碎，肉馅分3次加入100克水，搅拌至肉馅完全吸收水分；加入生抽、料酒、蚝油搅拌均匀；再加入豆瓣酱、葱末、姜末、香油，搅拌均匀即可。

5. 发酵好的面团取出，揉匀，分成小块，把每小块面团揉圆，擀成中间厚四周薄的圆形面片，包入肉馅。

6. 右手拇指、食指捏住面皮边沿打褶，直至收口捏拢封口。包好的包子，底下垫一小块油纸，放入蒸笼。

7. 醒15分钟，冷水上锅，水开后蒸15分钟。关火后，过3～5分钟再开盖。

土豆馒头

主料：土豆馒头专用复配粉450克

辅料：酵母5克，白糖25克，温水250克

做法：

1. 把土豆专用粉混匀；酵母倒进35℃左右的温开水里，静置5分

钟；把酵母水缓缓地倒入面粉中，边加边用筷子搅拌成絮状，然后揉成三光面团。

2. 以手腕的力量为重心，反复揉面团，直到把面团揉至表面光滑、细腻，盖上盖子进行发酵。面团发酵至原来的 2 倍大时，食指沾上面粉，在中间戳个洞，洞口不塌陷不回缩，就发酵好了。

3. 面团排气后，揉至原来面团的大小，再揉成长条，切成 4 份，并依次进行整型。整型好的馒头盖上干净的湿纱布进行二次发酵。

4. 锅中加水，蒸架上铺好湿纱布，放上发酵好的馒头，中间要有间隔，因为蒸的时候还会变大。

5. 盖上盖子，水开以后再继续蒸 15 分钟关火，然后焖上 2 分钟再打开锅盖。

小贴士

1. 发面的时候最好用温水。第 3～5 步，是馒头好坏的关键。揉面的时候要用手腕的力量，而且要反复折叠换头揉。

2. 要把面团揉得细腻，一般需要 10～15 分钟。

3. 二次发酵的时候，夏天一般 15～20 分钟就行了，冬季所需时间比较长。

4. 二次发酵好的馒头很轻很松软，最好不要用手去抓，用厨房铲子铲到锅里，这样馒头蒸出来会更美观。

5. 馒头之间摆放要留空隙，因为蒸的时候随着温度慢慢升高，馒头还会变大。

6. 蒸好后不要马上开锅，最好焖上两三分钟。而且开盖的时候要注意，不要把盖子上的水滴在馒头上。

土豆水晶蒸饺

主料：鲜土豆 500 克，土豆淀粉 250 克，猪五花肉 200 克，大白菜 200 克，香菇 50 克，紫菜 50 克，芫荽 10 克，蒜苗 50 克。

辅料：食用油 10 克，味精 5 克，食盐 10 克，酱油 10 克

做法：

1. 选择薯块完好的土豆去皮，切成 50 克左右小块，煮熟打泥后加入淀粉和成面团。

2. 猪肉切丁，香菇、大白菜、紫菜、芫荽、蒜苗剁碎，菜肉混合后加入味精、食盐、酱油等调味品混匀。

3. 将和好的面团分成小块压成面皮，把馅料包入后即成。

4. 在蒸笼里抹油后放入包好的饺子，大火蒸 15 分钟即成。

土豆凉皮

主料：土豆凉皮专用粉 120 克，水 200 克，黄瓜丝 100 克

辅料：盐、醋、生抽、葱、姜、蒜、辣椒、芫荽、花生油、芝麻油适量

做法：

1. 将土豆凉皮专用粉与土豆淀粉加入不锈钢盆中，混合均匀。

2. 将所称量的水缓缓倒入混合面粉中，并不停地用筷子搅拌，直到全部水用完，得到混合面浆。

3. 将上述面浆倒入有边缘的不锈钢盆内，直接隔水蒸熟。

4. 出锅冷却后刷一层花生油，再切条即得土豆凉皮。

5. 将葱、姜、蒜、辣椒、切碎，放入盐、醋、生抽芝麻油做成

浇料。

6. 黄瓜切丝，与土豆凉皮、浇料一起拌匀，即成。

土豆磨糊蒸包

主料：鲜土豆500克，酸菜200克，猪肉100克

辅料：葱花20克，姜末20克，植物油30克，十三香少许

做法：

1. 将土豆洗净，去皮，切成小块，用打浆机将土豆打成泥，再用四层纱布将薯泥中水分挤干，不能用力过大，否则会将薯泥挤出。

2. 将酸菜在水中浸泡5分钟，捞出后沥干水分，除去酸菜较浓酸味，将酸菜切碎备用。

3. 将猪肉去皮切碎，同酸菜混匀，加入调料和植物油，混匀备用。

4. 取土豆泥60克，压成片状，加入适量肉馅，慢慢团成圆球状即可。

5. 将包好的蒸包摆放在蒸笼上，旺火蒸15分钟即可蒸熟，取下蒸笼。取出蒸包放于盘中即可食用。

2. 煮

红烧牛肉土豆面

主料：土豆鲜切面300克，牛肉200克

辅料：干红辣椒、桂皮、八角、肉蔻、香叶、陈皮、姜、冰糖、料酒、老抽、盐、香菜、油适量

做法：

1. 牛肉用凉水浸泡半小时，捞出切块，放入开水中氽烫，去掉血沫。

2. 大火烧热锅中的油，放入姜片爆香，然后放入氽烫过的牛肉翻炒，随后加入干红辣椒、桂皮、八角、肉蔻、香叶、陈皮、冰糖继续翻

炒均匀。

3. 加入料酒翻炒至牛肉变色收缩时，调入老抽，继续翻炒至牛肉上色，然后倒入适量的水，以没过牛肉2～3厘米为宜，大火烧开煮15分钟，然后转小火炖80分钟，至牛肉软烂，可加盐调味。

4. 大火烧开水，将面条散开入锅煮3～4分钟，捞出浇上红烧牛肉卤即可。

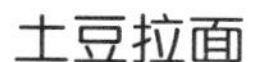

土豆拉面

主料：土豆拉面专用复配粉400克，水240克

辅料：沙蒿胶，拉面剂，食盐适量

做法：

1. 将食盐、沙蒿胶、拉面剂溶解于适量水中，得到混合盐水。

2. 将步骤1中所得的混合盐水的4/5倒入土豆拉面专用复配粉得到面团。

3. 顺次进行捣面、揣面、登面及揉面，得到光滑面团。将步骤1中所得的混合盐水的1/5，于捣面过程中分多次加入面团中。

4. 将所得光滑面团表面刷油，并用保鲜膜包好，在室温下醒发半小时。

5. 将醒发后的面团进行溜条、拉面、煮制，即得土豆拉面。

蘑菇烩土豆意大利面

主料：土豆意大利面专用复配粉300克，鸡蛋1个

辅料：白蘑菇100克，番茄200克，特级初榨橄榄油20克，洋葱、大蒜、胡椒粉适量，白酒少量

做法：

1. 土豆意大利面复配粉中间刨个坑，将打散的蛋液分 3 次倒入，不要一次性倒完。

2. 用硅胶刮刀慢慢将四周的面粉拌入蛋液中混合，蛋液将面粉吸收得差不多时再倒入剩下的蛋液，重复以上过程。

3. 倒入橄榄油翻拌均匀；根据面粉的吸水程度，加入少量水，形成面团，并揉面 5 分钟直到面团光滑，盖湿布，醒发 1 小时。

4. 用压面机或擀面杖做出自己喜欢的土豆意大利面。

5. 将锅中水烧至滚沸，加 1 匙盐，放入面条煮至八分熟后捞起，拌点橄榄油备用。

6. 番茄用热水汆烫一下，去皮，切丁备用。

7. 取炒锅，加入适量的橄榄油炒香碎洋葱及碎大蒜，加入白蘑菇炒约 3 分钟，再加入番茄丁及白酒翻炒一下。

8. 将步骤 4 中的面放入炒锅中拌炒，最后加入盐、胡椒粉调味即可装盘。

土豆饺子

主料：土豆饺子专用粉 500 克，猪肉 200 克，荠菜 100 克，葱 50 克

辅料：盐、味精、姜末、酱油、料酒、香油、胡椒粉适量

做法：

1. 和面：土豆饺子专用粉 500 克，温开水 1 杯，水里放少许盐，水要徐徐地倒入盆中，并用筷子不停地搅动，直到没有干面粉，都成面疙瘩的时候，就可以下手和面了。揉面要用力，揉到表面很光滑后再醒发 1 小时。

2. 拌馅：猪肉、荠菜、葱剁碎后，加入盐、味精、姜末、酱油、料酒、香油、水（高汤最好），还可以加点胡椒粉。

3. 擀皮：拿擀面杖擀皮的时候，注意中间厚边缘薄。

4. 包饺子：将饺子馅放入皮中央（如果技术不熟练的话，不要放太多馅）。先捏中央，再捏两边，然后由中间向两边将饺子皮边缘挤一下，这样饺子下锅煮时就不会漏馅了。

5. 煮饺子：烧一锅开水，等水沸腾时，将饺子放入，并及时搅动（顺时针），防止饺子在水中黏在一起。再次煮沸时把大火改成小火，等到饺子胖胖地浮在水面上时即熟。

土豆韭苔馄饨

主料：土豆馄饨专用粉500克，猪肉（肥三瘦七）200克，韭薹适量

辅料：盐、酱油、食用油、水适量，姜末、鸡精少许

做法：

1. 选一块肥三瘦七的猪肉，剁成肉糜，洗净韭薹，切成细末，姜切末，加入盐、鸡精、少量酱油、适量食用油，稍加一点水，搅拌成菜馅。

2. 和面团方法同饺子皮，再用擀面杖将饺子皮擀成大片并切成长方形，做成馄饨皮。

3. 取一张馄饨皮，用筷子挑上的肉馅放在面窄的那头，卷起来，包好。

4. 锅里添加适量的水，水开后，先用大勺子将水搅开成旋涡状再慢慢下入包好的馄饨。盖锅煮沸，中间适时用大勺子推一下，水开后不再盖锅盖，点入凉水，煮到馄饨鼓起来时，撒入葱末、紫菜，虾皮即可。

小贴士

1. 搅拌肉馅时可以加入少许蛋液或者淀粉，这样肉馅比较滑嫩。

2. 除了肉馅，适量添加蔬菜，比如：韭薹、大白菜、洋葱等。

3. 煮馄饨时也可以添加少量盐酱油，调一下汤水的味道。

3. 烙、煎、烤、炸

家常土豆饼

主料：土豆 300 克，水 300 克，面粉 200 克

辅料：香葱、盐、孜然、咖喱粉、花生油适量

做法：

1. 土豆去皮，直接擦成丝到水里，这样可防止土豆变色，和面糊时也不需要再加清水了。

2. 加适量孜然、咖喱粉、盐到土豆丝里入味。

3. 再加入面粉，拌成均匀的糊状，加些香葱拌匀。

4. 热锅加一小勺油，摊入适量的面糊晃匀，中火加热 3 分钟。

5. 翻转一面，继续加热 3 分钟。土豆饼金黄熟透就可以了。

香煎土豆饼

主料：土豆300克，鸡蛋1个，面粉100克

辅料：油、盐、鸡精粉适量

做法：

1. 土豆去皮，切成细丝，浸泡在清水中待用。

2. 取一大碗，放入鸡蛋、清水和面粉，将其混合拌匀，调成浓稠的面糊。

3. 土豆丝捞起沥干水，加入面糊中，一同搅拌均匀。

4. 加入1/3汤匙的盐和1/2汤匙的鸡精粉，与土豆面糊一同拌匀入味。

5. 烧热平底锅，加入5汤匙油烧热，舀入一半土豆面糊，用勺子摊平成饼状，煎至其底部凝固。

6. 翻面以中小火续煎，煎至双面呈金黄色，盛起用厨房纸吸干余油，然后将剩下的土豆面糊煎熟。

7. 将两块土豆饼置于砧板上，分别切成8等份。

8. 将切好的土豆饼排放于碟中，即可上桌。

泡菜土豆饼

主料：大土豆2只，鸡蛋1个，培根4片

辅料：泡菜1小碗，香油、盐适量

做法：

1. 土豆洗净去皮，擦成细丝。

2. 培根切碎，泡菜切碎，装碗，加入一个鸡蛋、少许香油与盐拌匀。

3. 将土豆丝倒入其中，拦成糊状。

4. 平底锅加热，倒适量油。

5. 将混合好的土豆丝糊揉成小圆饼状，待一面煎至焦黄后，再小心翻过来煎另外一面。

小贴士

可以用质量高的钢丝球直接去土豆皮，很省事儿。

田园什锦土豆饼

主料：土豆500克，面粉200克

辅料：红椒50克，火腿80克，青豆50克，玉米粒25克，油、千岛酱、盐、葱花适量

做法：

1. 土豆去皮切成薄片，放入锅内清蒸15分钟至变软，取出压制成土豆泥，摊凉待用。

2. 红椒去蒂和籽，切成细丁；火腿也切成细丁；洗净青豆和玉米粒，沥干水分。

3. 烧开锅内的水，加入1汤匙盐，倒入青豆、玉米粒汆烫30秒，捞起沥干水。

4. 往土豆泥里依次倒入红椒丁、火腿丁、葱花、青豆和玉米粒，与土豆泥一同拌匀。

5. 加入3汤匙千岛酱、1汤匙盐和2杯面粉，拌匀做成土豆面糊，静置30分钟待用。

6. 双手沾上面粉，依次取鸡蛋大小的面团，揉搓成丸状，再压制成面饼，撒上一层面粉。

7. 取一平底锅，注入5汤匙油烧热，依次放入土豆面饼，以中小火煎至双面呈金黄色，捞起沥干油，盛碟即成。

炸土豆饼

主料：土豆、猪瘦肉、胡萝卜、鸡蛋

辅料：新鲜香菜叶、豆蔻、白胡椒粉、盐、黄油、油适量

做法：

1. 将土豆、胡萝卜洗净，蒸熟。趁热去皮，略切块，放在深盆中用结实的勺子轧成土豆和胡萝卜混合的泥糊状。

2. 将豆蔻砸开，剥去薄壳，用研磨器或食物臼磨成豆蔻粉。

3. 将肉馅进行二次加工，剁得越细碎越好。

4. 将黄油用刀背碾细碾软，将香菜叶略切。

5. 取稍大的汤盆，将土豆胡萝卜泥、细肉馅、黄油、香菜叶、豆蔻粉、白胡椒粉和盐混在一起，充分拌匀。

6. 将鸡蛋打散备用。

7. 大火加热油锅，在等待过程中将和好的馅料用勺子分成若干小份，并且捏成规则形状。

8. 在下油锅前将土豆饼表面裹一层蛋液，逐个入油锅，并不时翻面，直到略漂起，表面呈金黄色时，捞起沥干油分。装盘，趁热食用。

可乐土豆饼

主料：土豆400克，鸡胸肉50克，鸡蛋1个

辅料：洋葱20克，奶酪丝20克，淀粉50克，面包粉100克，盐2克，胡椒粉少许，酒10克，淀粉10克、油适量

做法：

1. 土豆去皮、切片，蒸熟后趁热碾成泥状。

2. 鸡胸肉切小丁，拌盐、胡椒粉、酒等调味料；洋葱切碎，鸡蛋打散，备用。

3. 用2大匙油炒香洋葱，再放入鸡胸肉炒熟，放凉。

4. 将土豆泥分成5等份，每等份按扁，包入少许鸡胸肉及奶酪丝后，捏拢再按扁成饼状。

5. 每块土豆饼先沾一层淀粉，再沾一层打散的蛋汁后，裹上一层面包粉，放入温油中炸至酥黄。

椒盐土豆饼

主料：土豆300克，粳米粉200克，猪五花肉馅300克，全蛋液50克，面包屑100克

辅料：花椒盐8克，色拉油500克（耗约100克）

做法：

1. 将土豆洗净，放入笼内，上火蒸熟，取出去皮压成泥，放入粳米粉，揉成面团，搓成条，摘成25克重的面坯，压成圆形面皮，包入猪肉馅，拍成圆形面饼。

2. 将面饼坯蘸上全蛋液，滚上面包屑备用。

3. 炒锅置旺火上，加入色拉油烧至五成热，放入土豆饼炸至起软壳、色淡黄时捞出；待油温烧至七成热，再放入土豆饼炸至金黄色，捞出沥油，装入盘内，撒上花椒盐即成。

原味土豆饼

主料：小土豆 15 个

辅料：葱花少许，胡椒粉、盐、菜油适量

做法：

1. 土豆要挑小的，鹌鹑蛋般大小最好，洗干净用水煮熟。

2. 煮熟的土豆冷却后剥皮，用菜刀在砧板上将土豆拍扁，就像拍蒜瓣一样。

3. 锅内放油，用中火将土豆炸至金黄。

4. 土豆炸完后，用盐、胡椒粉、葱花扒拉几下就成了。

小贴士

色泽金黄鲜艳，看着就很开胃口。吃起来松软香糯，别有一番风味。

德式土豆饼

主料：土豆饼 250 克，鸡蛋 1 个，面粉 50 克

辅料：葱 15 克，植物油 100 克，盐、胡椒面各适量，黄油少许

做法：

1. 将土豆洗净去皮，放入锅中加适量水，上火煮约 40 分钟，煮到软烂，滗出水，把土豆捣碎成泥。放上鸡蛋，盐、胡椒面，面粉 25 克，并混合均匀。

2. 将葱切成末，放在黄油里炒黄，倒入土豆泥中，再混合均匀。

3. 在一面板上撒上面粉，把土豆泥分成 3 份，全滚上面粉，用刀按成两头尖、中间宽的椭圆饼形，用刀在中间按一长条纹，在边上再交替地按几个短纹，呈树叶状。

4. 将煎盘上火，放入少许植物油烧热，把土豆饼下入，煎成金黄色即可。

5. 将煎好的土豆饼码放在一个煎盘里，入炉烤几分钟，等土豆饼鼓起时铲入盘中即成。食用时可淋上酸奶油或少许黄油。

韩式土豆饼

主料：土豆 1 个（约 200 克），鸡蛋 1 个，面粉 100 克

辅料：葱花、花椒面、盐适量，油 50 克

做法：

1. 土豆用花型插板插成碎末（或用粗孔打磨机打碎），放入面粉，打入鸡蛋，放入葱花、花椒面、盐（可依不同口味加入其他调料），加适量水拌均成糊状。

2. 平锅放油，烧至七成热时，用汤匙（最好是长柄铁匙）将土豆糊一匙一匙放入锅内，压成单个小饼。

3. 注意控制火候，待饼两面变色即可出锅。

蛋黄土豆饼

主料：土豆 2 个，咸蛋黄 3 个，鸡蛋 2 只，牛奶 100 克

辅料：糯米粉 50 克，面包碎、盐适量

做法：

1. 土豆、咸蛋黄蒸熟，土豆趁热去皮捣碎。

2. 加入鸡蛋、牛奶、糯米粉，拌匀，分成 40 克左右的剂子，包入蛋黄碎，拍成饼状，两面沾面包碎。入锅炸至金黄，出锅即成。

土豆油条

主料：土豆油条专用复配粉 400 克，鸡蛋 4 个，水 40 克

辅料：酵母 4 克，盐 4 克

做法：

1. 先将酵母溶于水中静置 5 分钟，再将鸡蛋打入复配粉中，同时加入盐和酵母水揉成面团，揉好后盖上保鲜膜，发酵 1 个小时，面团发至两倍大。

2. 案板上抹油，手上也要抹油，将面团在案板上按压成长方形。刀上也抹油，将大面片切成小条。两根面条叠在一起，压扁，用筷子在中间压道沟出来，这是处理好的油条坯子。

3. 油锅烧到七成热，下油条坯子炸制，边炸边给它翻身，两面都炸至金黄色即可。

香烤土豆馕

主料：土豆馕专用复配粉 400 克，牛奶 160 克

辅料：酵母粉 4 克，盐 4 克，色拉油 25 克，蜂蜜 20 克，鸡蛋 20 克

做法：

1. 先将 4 克酵母粉放入 160 克温牛奶中，静置 5 分钟。

2. 将鸡蛋、牛奶、盐、色拉油和蜂蜜倒入复配粉里，揉面至三光（面光、手光、盆光）状态就好。

3. 将面团放温暖处进行发酵，当面团发至两倍大时，用手戳一个洞，洞不回缩就说明发好了。

4. 将面取出排气，分割成 3 份，滚圆，静置 10 分钟。

5. 用手将面团轻轻压扁，从中间往外侧慢慢整形，中间要稍薄点，使外侧有个厚边。

6. 用馕针在整形好的面饼上印出漂亮的花纹，再刷一层色拉油，撒上芝麻。

7. 放入预热好的烤箱里 15～20 分钟，烤到上色即可。

小贴士

1. 正宗的馕都是在馕坑里烤出来的，地道的说法叫打馕。如没有馕坑也可用烤箱替代。

2. 步骤 7 中是烤箱里设计的温度，还要根据自己烤箱的实际温度做适当调整。

土豆牛肉卷

主料：鲜土豆 1000 克，牛肉 250 克，植物油 500 克

辅料：面粉 50 克，盐 10 克，姜粉 3 克，花椒粉 2 克

做法：

1. 土豆连皮洗净，放入锅中蒸 30 分钟以后，去皮捣成泥状，和面粉拌匀，备用。

2. 切碎的牛肉中加入盐、姜粉、花椒粉做成肉馅，并沾上面粉。

3. 将土豆面团分成50克的小剂子，沾上面粉并用擀面杖擀薄。

4. 将步骤2中做好的肉馅包入擀好的面皮中，即成牛肉卷生坯。

5. 锅中倒入植物油烧热，放入包好的牛肉卷，炸黄后捞起。

土豆丝煎饼

主料：鲜土豆1 000克

辅料：盐5克，鸡粉2克，味精1克，干淀粉5克

做法：

1. 将土豆切丝，加盐、鸡粉、味精、干淀粉，做成饼坯。

2. 上笼蒸熟8分钟。

3. 下锅煎至两边金黄即成。

土豆双色麻花

主料：黑土豆和白土豆各100克，高筋面粉200克

辅料：盐、糖、花生油、小苏打

做法：

1. 将黑土豆、白土豆洗净去皮，蒸熟压泥，分别加入高筋面粉100克，盐、糖、油、小苏打，分别揉成黑白两个面团。

2. 将两个面团放在不同的容器里，盖湿布醒20分钟。将醒好的面团拿出分别擀成2毫米厚的面片，两种色彩的面叠加在一起，再切出4毫米、宽10厘米长的长条。

3. 将步骤2中的长条搓成细长条，两头向不同方向搓上劲，合并两头捏紧。

4. 再重复一次，做成麻花生坯。

5. 依次做好所有的小剂子后成麻花生坯。

6. 放入热好的油锅中，炸至颜色金黄，捞出即可。

芝心薯球

主料：中等大小土豆 2 个、糯米粉 50 克

辅料：奶粉、盐、胡椒粉、面包糠、芝士片、花生油适量

做法：

1. 土豆洗净加水煮熟，去皮后用勺压成泥；加入奶粉 1 大勺、糯米粉 50 克、适量盐和胡椒粉，揉成不黏手的面团。

2. 将和好的土豆面团等分成均匀大小的剂子，把三明治芝士片每张分成四小份；每个剂子包入一份芝士片，搓圆后均匀滚上面包糠。

3. 油锅烧至五成左右热，轻轻放入土豆球，小火炸至表面金黄色、外壳稍硬即可，捞出后用厨房纸吸去余油，趁热吃口感最好。

脆皮土豆泥

主料：土豆 1 个，春卷皮若干，虾 100 克

辅料：调和油、牛奶、黑胡椒粉、盐适量

做法：

1. 土豆带皮蒸熟，剥去皮捣成土豆泥，加入牛奶、黑胡椒粉、盐拌匀。

2. 虾放沸水里煮熟捞起，剥去头和壳。

3. 春卷皮对半切开，取半张春卷皮，放上土豆泥和虾卷起来，放油锅里用中高火炸两三分钟即可。

二、土豆米制品类主食

1. 土豆河粉类

凉拌鸡丝河粉

主料：土豆河粉200克，鸡肉300克，黄瓜150克

辅料：红辣椒、盐、生抽、麻油、醋、糖适量

做法：

1. 将煮熟的鸡肉撕成丝，红辣椒洗净切成丝，备用。

2. 黄瓜洗净，放入沸水中烫热取出，连皮切成丝，放入盐腌几分钟。

3. 鸡丝加入生抽、麻油、糖拌匀。

4. 将河粉和黄瓜丝拌匀，加入适量盐、生抽、麻油、醋、糖拌匀上碟，铺上鸡丝、红辣椒丝，即成。

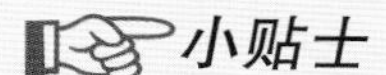

河粉：将土豆河粉专用复配粉加水调制成糊状，上笼蒸制成片状，冷却后划成条状即成鲜土豆河粉。

牛腩土豆汤粉

主料：牛腩500克，鲜土豆河粉300克，上汤6杯

辅料：蔬菜适量，葱、姜、葱头、八角、草果、老抽、生抽、酒、盐、糖、胡椒粉少许

做法：

1. 牛腩放入开水中煮10分钟，取出洗净。

2. 锅下油 2 汤匙烧热，爆姜及红葱头，加水适量烧开，放入牛腩后再烧开，慢火煮 1 小时；加入调味品慢火煮至牛腩软透，约需 1 小时，煮的过程要翻动，使牛腩浸在汁中。

3. 将土豆河粉放入开水中烫热，捞起盛入碗内，加入上汤及葱花。蔬菜烫熟也放入碗内。

4. 取牛腩切成块，放在河粉上，倒入少许牛腩汁，余下的牛腩放入汁中。

小贴士

牛腩粉是广西玉林市、北海市、梧州市和广东阳江市著名的汉族传统风味小吃之一，因以调制好的熟牛腩做佐料而得名，起于民间，解放前就已出名。

炒土豆河粉

主料：鲜土豆河粉 300 克，牛肉 50 克，芽菜 100 克

辅料：老抽、生抽、味精、糖适量

做法：

1. 老抽、生抽、味精、糖适量，混合成调味汁。

2. 先将腌好的牛肉下油锅，注意一定要将牛肉摊开平铺，煎好一面再翻过来煎另一面。

3. 放入芽菜炒到八成熟后，起锅待用。

4. 油烧热后放入土豆河粉，并将调好的味汁搅匀淋在粉上，翻炒几下。

5. 倒进炒好的牛肉芽菜，炒匀后即可出锅上碟。

老友粉

主料：鲜土豆河粉 300 克，肉末 100 克（用酱油和淀粉腌一下）

辅料：酸笋，蒜末，豆豉（稍微切一下），葱末、辣椒酱 20 克，酱油、盐适量

做法：

1. 先用干锅稍微炒几下酸笋。

2. 再下油，放蒜末、豆豉炒一下。

3. 放辣椒酱，炒几下。

4. 放肉末炒，加入酱油、少量盐。

5. 要提前烧好一锅开水，将开水倒入锅内；水开后，放入土豆河粉。

6. 半分钟后撒上葱花即可出锅。

2. 土豆米线/米粉类

肠旺米线

主料：鲜土豆米线 350 克

辅料：高汤 180 克，猪肠（煮熟）60 克，油豆腐丁 20 克，猪血旺 30 克，绿豆芽、韭菜、豆腐皮各 10 克，葱花、味精、香菜段各 3 克

做法：

1. 将油豆腐丁沥去多余的水分，下油锅，用中火炸至金黄色，备用。
2. 绿豆芽淘洗干净，韭菜切成 4 厘米长的段，下开水锅中烫 30 秒，捞出用凉水冲凉，沥去多余的水分，备用。
3. 猪血旺打成 1.5 厘米见方的丁，下开水锅中烫 30 秒，捞出沥去多余的水分，备用。
4. 豆腐皮用温水泡软，切成 3 厘米宽的菱形片，用水漂净，沥去多余的水分，备用。
5. 将土豆米线放漏勺中，放入沸水锅中烫 15 秒后捞出沥去多余水分。
6. 盐放在碗底，将土豆米线捞入碗中。
7. 浇上汤，分别摆上猪肠、猪血旺、油豆腐丁、绿豆芽、韭菜、豆腐皮，上面撒葱花、香菜段即可。

小贴士

米线为汉族传统风味小吃。古烹饪书《食次》之中，记米线为“粲”。人们习惯叫米线为“酸浆米线”“酸粉”“干米线”“米粉”。其含有丰富的碳水化合物、维生素、矿物质及酵素等，具有熟透迅速、均匀，耐煮不烂，爽口滑嫩，煮后汤水不浊，易于消化的特点，特别适合休闲快餐食用。

土豆米线/米粉制作：土豆全粉以一定比例与大米粉混合挤压糊化成型，静置回生过夜即得鲜土豆米线，干燥后即得干土豆米线。

过桥米线

主料：鲜土豆米线 200 克、鸡脯肉、鸭肉、筒子骨、猪脊肉、猪排骨、熟鸽蛋 3 个、豌豆尖、草芽、紫甘蓝、木耳、黄瓜丝、胡萝卜丝、豆腐皮、蘑菇适量

辅料：芫荽、精盐、胡椒粉、五香粉、酱油、辣椒油、花椒油、葱、姜、花椒面、味精、

做法：

1. 将鸡肉、鸭肉、排骨、筒子骨放入汤桶内，注清水 500 克，置大火上煮 4 小时，边煮边撇去浮沫，将鸡肉、鸭肉、筒子骨、排骨捞出，汤由乳白色转呈清澈透亮，用漏勺捞去沉淀物，放入精盐、味精、胡椒粉调味，即得米线配汤。

2. 将鸡肉、鸭肉加入精盐、五香粉、花椒面腌 2 小时。猪脊肉切成薄片；把所有肉料分焯水后放凉装盘。

3. 草芽洗净，开水烫熟；葱切成末，芫荽洗净切末，姜切细丝；豌豆尖在开水中焯熟，豆腐皮用凉水洗去灰尘，备用。

4. 将米线用开水烫热，装入碗内；用大碗将酱油、花椒油、辣椒油兑在一起，装入小碟。把汤、肉片、绿菜、蘸水碟、鸡肉、鸭肉一起上桌。

5. 把里脊肉片、鸽蛋磕入汤碗内，随汤拌调料吃。最后放入绿菜、豆腐皮、葱花和米线即可食用。

小贴士

1. 过桥米线是云南滇南地区特有的汉族小吃，属滇菜系。过桥米线起源于蒙自地区。

2. 荤菜切片，要求薄至透明为度，肉片在汤中烫后不卷缩为佳。

3. 调好的汤必须在火上微开，用沸汤冲入碗内。

桂林土豆米粉

主料：特料（水蛇、黄青蛙各一只），猪头骨、牛骨各 4 000 克

辅料：草果、桂皮、甘草各 20 克，八角、香茅、砂仁各 15 克，小茴香 25 克，丁香 5 克，香叶、花椒各 10 克，陈皮 6 克，阳江豆豉 400 克，干辣椒 50 克，老姜 500 克，干葱头 200 克，豆腐乳 150 克，盐 100 克，鸡粉 250 克，味精 100 克，冰糖 200 克，酱油 1 000 克，色拉油 500 克，醋 10 克，剁椒 20 克，白糖 5 克

做法：

1. 干土豆米粉热水泡开，捞出沥水备用。

2. 卤汁制作：

（1）将水蛇、黄青蛙剖开去杂，把猪头骨、牛骨洗净，入沸水中大火汆 10 分钟，捞出放入不锈钢桶中，加清水 15 千克大火烧开，小火煮 5 小时，过滤留汤。

（2）锅内放入色拉油，烧至五成热时放入草果、桂皮、甘草、八角、香茅、砂仁、小茴香、丁香、香叶、花椒、陈皮、阳江豆豉、干辣椒小火煸炒 15 分钟，捞出香料，用纱布包起成香料包，下入汤中小火熬 2 小时。

（3）锅内留油 30 克，烧至五成热时放入豆腐乳小火翻炒 2 分钟，放盐、味精、鸡粉、冰糖、酱油小火熬开，出锅倒入不锈钢桶中调匀即可。

3. 卤汁和剁椒入锅中加热，倒入土豆米粉，然后加糖、醋调味，即成。

3. 土豆复配米系列副主食

扬州炒饭

主料：土豆复配米 200 克，青豆 50 克

辅料：香葱、火腿 10 克，鸡蛋 2 颗，盐、鸡精适量

做法：

1. 土豆复配米冷水泡 10 分钟，沥水，油锅烧七成热，过油炒散成米粒备用。

2. 青豆泡透后沸水焯熟控干，火腿切丁，香葱切末，备用。

3. 锅入少许油烧至三成热时下葱末爆香，依次放火腿丁、青豆炒匀，加少许盐盛出。

4. 鸡蛋加鸡精、盐打散，备用。

5. 锅烧热后，入适量油，烧至三成热时下入打散的鸡蛋，待鸡蛋刚要形成蛋片时迅速倒入过好油的米饭，快速翻炒至米粒全部沾满蛋液，炒至金黄色时，加入火腿丁、青豆拌匀后出锅，再撒上香葱末即可。

小贴士

1. 土豆复配米：市售土豆复配米为土豆全粉与大米粉混合挤压切粒，然后干燥即得。

2. 青豆提前泡水，省火、易熟，为让青豆入味，煮时可以放少许盐，颜色也会更加漂亮。

3. 米粒呈金黄色应该用蛋黄。

4. 所有的步骤都有盐的加入，最后一定不要再放盐了，拌匀即可。

土豆米肠

主料：土豆复配米，猪血，猪肠衣

辅料（以 500 克计）：大葱 5 克，大蒜 5 克，洋葱 20 克，胡萝卜 20 克，花椒粉 2 克，五香粉 2 克，香菇粉 2 克，盐 7 克，白糖 1 小勺，酱油适量

做法：

1. 将买来的猪肠衣，洗净后用生面粉来回搓去内壁上的油脂，再

用清水泡2个小时左右。

2. 土豆复配米泡至10分钟左右，沥水备用。

3. 洋葱、胡萝卜、大蒜、姜、大葱洗净后，分别切碎，装盘备用。

4. 将上面切好的配料，都倒在泡好的土豆复配米上面，把五香粉、香菇粉、盐、酱油也倒在上面。

5. 倒入新鲜的猪血混合充分拌匀，猪血的比例需要大一些，也就是说需要稀一些。

6. 取一个干净的空矿泉水瓶，剪成漏斗状。

7. 取一个处理好的猪肠衣，用干净线绳先把一端扎紧，把矿泉水漏斗的瓶口塞进猪肠衣的一端，用个勺子把米的混合物灌入，中间需要一根长筷子帮助。灌的时候不要太饱满，再用线绳把灌米的一端扎紧即可。用针刺破表面，利于蒸的时候排气。

8. 取个大锅，倒入凉水，把做好的米肠放在里面，中火煮至开锅即可。

9. 煮好的米肠，捞出后放入蒸锅，再蒸制20分钟左右。

10. 出锅后的米肠，用刀切制小块，装盘，食之即可，蘸点蒜泥汁味道更好。

11. 暂时不吃时可放在冰箱里冷冻保存，吃时上锅蒸就可以，也可以解冻直接切片油煎食用。

土豆复配米粽子

主料：土豆复配米1 000克

辅料：枣、粽叶、马兰草适量

做法：

1. 洗净粽叶、马兰草；入锅盐水煮15分钟（锅中放盐可增加粽叶的韧性），冷却待用。

2. 土豆复配米放入淘箩，用清水淘净，连箩静置约 15 分钟，沥干水。

3. 左手拿粽叶 2 张，毛面朝下，宽度 1/5 相叠，右手另拿 1 张粽叶，光面朝上，约 1/3 相叠接在左手粽叶的尾部将粽叶接长，在总长的 2/5 处折转，两边相叠约 3 厘米成漏斗状。

4. 左手托握粽叶，右手放入土豆复配米 40 克，枣 3 个，再盖上糯米 60 克，铺平，将长出部分的粽叶折转，盖住米，包成长方枕头形，用马兰草绕折至八成紧即可，照此法逐一包好。

5. 锅中放水烧沸，然后将包好的粽子下锅，水面要高出粽子约 3~5 厘米，用竹架和石块放在粽上压实，用旺火煮 1 小时，再用小火煮 1 小时即熟。

三、土豆杂粮类主食

土豆莜面栲栳栳

主料：土豆莜面栲栳栳复配粉 400 克，开水 450 克

做法：

1. 土豆莜面栲栳栳复配粉放入容器中，在上面直接倒入开水，用筷子或擀面杖搅匀，晾至不烫手时揉匀。

2. 把土豆莜麦面团搓条，分割成 10 克左右的剂子，每个剂子用手分别搓圆。

3. 取一个剂子放到光滑的台面或石板上，用刮板压着（或用手掌）向外推抹，成为长舌状的薄面片。

4. 用刮板铲下面片搭在食指上，食指快速画圈，使面片缠绕在食指上，取出成圆桶状。

5. 把做好的土豆莜面栲栳栳生坯逐个码放在已刷过油的小蒸笼中。蒸锅加水烧开，把小蒸笼放在大火上蒸 8 分钟，即可。

土豆莜面鱼鱼

主料：土豆莜面鱼鱼专用复配粉 400 克，西红柿 500 克，鸡蛋 3 个

辅料：食盐 5 克，姜 10 克，葱 10 克，蒜 10 克，生抽 10 克，五香粉、花生油适量

做法：

1. 土豆莜面复配粉中加入适量水，揉成光滑的面团。

2. 西红柿鸡蛋卤制备：先将西红柿开水汆烫去皮，切块；油锅烧热，将鸡蛋打散并加盐炒制后倒入指定容器；再将葱、姜、蒜煸炒，放入已切丁的西红柿，并放盐、生抽、五香粉调味，最后把炒好的鸡蛋倒入搅匀，焖 1 分钟即可。

3. 将第一步和成的面团揪成小剂子，用手搓成两头尖尖中间鼓鼓的小鱼鱼，压扁即成土豆莜面鱼鱼。

4. 蒸笼上抹油，将土豆莜面鱼鱼放入蒸笼，大火蒸 10 分钟即成。吃时浇上卤汁即可。

土豆荞面饸饹

主料：土豆荞面饸饹专用复配粉 300 克，鸡蛋 1 个，羊肉 100 克，胡萝卜一根、蒜薹 50 克

辅料：辣椒油 5 克，食盐、葱、生抽、老抽、十三香、味精、花椒粉适量

做法：

1. 将土豆荞面饸饹专用复配粉、鸡蛋、水充分揉匀，再将面团揉成条形，放入榨孔机中，插入榨杆压出面条，截断下锅，煮熟捞出，放入凉水中备用。

2. 羊肉卤制备：羊肉、胡萝卜、蒜薹切丁，分别入开水锅中汆烫。

3. 炒锅洗净放旺火上，下油烧热，放入羊肉片、胡萝卜、蒜薹煸散，投入辅料炒匀，掺入鲜汤，将步骤 1 中的饸饹面放入即成。

土豆豆面抿圪抖

主料：土豆抿圪抖专用复配粉 380 克，水 200 克

做法：

1. 将土豆抿圪抖专用复配粉放入盆内，将水倒入（水温：冬热，

夏凉，春秋温）和成软面团。

2. 将特制的抿床（即木架中钉凹形铜皮，布满圆孔的炊具）架在锅上，取一块软面放在抿床的凹处，左手执抿把（特制的长圆形木托），用力推压使面漏入锅中，成为 3 厘米长短的小圆条，煮熟捞出即成。

小贴士

1. 抿圪斗又称抿虫曲蛐，原产地山西省晋中市昔阳县，是山西晋中一带的主要面饭品种，清柔利口。传统的抿圪抖用豆面、高粱面或细玉米面（须掺合适量的白面、豆面或淀粉面）制作，也可用土豆专用复配粉制作，吃时可浇配各种荤素浇头或打卤。另外，配以调料做汤面也颇有风味。比较有特色的是辣酱抿圪斗、酸菜抿圪斗。

2. 特点：筋而软滑，富有营养，易于消化。

土豆莜面傀儡

主料：鲜土豆 500 克，莜面 200 克

辅料：食用油 5 克，葱花 10 克，精盐 5 克，味精、花椒面各 1 克。

做法：

1. 土豆洗净去皮，先用擦床擦成土豆条。

2. 将莜面面粉、土豆条、精盐、葱花、味精和花椒面混匀，即得傀儡生坯。

3. 将步骤 2 中的傀儡生坯入蒸笼，大火蒸 10 分钟。

4. 将食用油倒入锅内大火烧开，改为中火，已熟制的傀儡放入锅内翻炒到变为金黄色后出锅，趁热食用。

土豆莜面饼

主料：鲜土豆 500 克，莜面 200 克

辅料：葱花 40 克，食用油 50 克，精盐 10 克

做法：

1. 土豆洗净，入锅中煮至软烂，取出，趁热撕去表皮，先用擦床擦成茸，再用打浆机打成细泥。

2. 将莜面面粉、精盐和葱花混入土豆泥，拌匀，在铁锅内反复揉搓使之具有韧性且成团。

3. 把剩余的 50 克莜面面粉加入揉匀，将其分成 70 克左右的剂子，擀成薄饼。

4. 在平底锅内放入 5 克底油，待油热后放入薄饼，文火翻烙，饼呈金黄色后刷油，出锅，即成。

糯米土豆饼

主料：土豆、糯米粉

辅料：白芝麻、盐

做法：

1. 土豆去皮蒸熟用勺子压成泥，拌入糯米粉、盐和匀。
2. 撮成小团在手里压成饼，沾上白芝麻。
3. 平底锅里放少量油，小火慢慢煎两面金黄即可。